Sitzungsberichte der Heidelberger Akademie der Wissenschaften
Mathematisch-naturwissenschaftliche Klasse
Jahrgang 1992, 5. Abhandlung

Eugen Seibold

Marine Transgressionen und Regressionen
Ursachen und Folgen

Mit 12 Abbildungen

Vorgetragen in der Sitzung vom 23. Mai 1992

Springer-Verlag
Berlin Heidelberg New York
London Paris Tokyo
Hong Kong Barcelona
Budapest

Prof. Dr. Eugen Seibold
Richard-Wagner-Str. 56
W-7800 Freiburg i. Br.

ISBN-13: 978-3-540-56403-4 e-ISBN-13: 978-3-642-46791-2
DOI: 10.1007/978-3-642-46791-2

Dieses Werk ist urheberrechtlich geschützt. Die dadurch begründeten Rechte, insbesondere die der Übersetzung, des Nachdrucks, des Vortrags, der Entnahme von Abbildungen und Tabellen, der Funksendung, der Mikroverfilmung oder der Vervielfältigung auf anderen Wegen und der Speicherung in Datenverarbeitungsanlagen, bleiben, auch bei nur auszugsweiser Verwertung, vorbehalten. Eine Vervielfältigung dieses Werkes oder von Teilen dieses Werkes ist auch im Einzelfall nur in den Grenzen der gesetzlichen Bestimmungen des Urheberrechtsgesetzes der Bundesrepublik Deutschland vom 9. September 1965 in der jeweils gültigen Fassung zulässig. Sie ist grundsätzlich vergütungspflichtig. Zuwiderhandlungen unterliegen den Strafbestimmungen des Urheberrechtsgesetzes.

© Springer-Verlag Berlin Heidelberg 1992

Die Wiedergabe von Gebrauchsnamen, Handelsnamen, Warenbezeichnungen usw. in diesem Werk berechtigt auch ohne besondere Kennzeichnung nicht zu der Annahme, daß solche Namen im Sinne der Warenzeichen- und Markenschutz-Gesetzgebung als frei zu betrachten wären und daher von jedermann benutzt werden dürften.

Produkthaftung: Für Angaben über Dosierungsanweisungen und Applikationsformen kann vom Verlag keine Gewähr übernommen werden. Derartige Angaben müssen vom jeweiligen Anwender im Einzelfall anhand anderer Literaturstellen auf ihre Richtigkeit überprüft werden.

Satz: K+V Fotosatz GmbH, Beerfelden
25/3140-5 4 3 2 1 0 – Gedruckt auf säurefreiem Papier

Ständiger Wandel kennzeichnet die Geschichte der Erde und die Schichten eines jeden Steinbruchs sind dafür Zeugen. Sie folgen aufeinander mit unterschiedlichem Material und sind zudem oft durch verwitterte Fugen scharf getrennt. Das zeigt, daß sich die Bildungsbedingungen für diese Gesteine geändert haben, daß sich die Umwelt in der sie entstanden sind, immer wieder verändert hat. Trocken- oder Feuchtzeiten prägen daher die festländischen Schichtfolgen, doch werden auch Meeresablagerungen von Klimaschwankungen beeinflußt. Viele weitere Faktoren und damit eine besondere Fülle von Gesteinstypen treten im Küstenraum hinzu, dort, wo sich drei Elemente treffen, Himmel, Erde und Meer und sich gegenseitig beeinflussen.

In der Blütezeit der holländischen Landschaftsmalerei oder der Romantik wurde dies trefflich illustriert (A. CORBIN, 1990), dramatisch gesteigert etwa in William Turners Sturmszenen, Ausdruck für die Weite und Großartigkeit des Meeres, der Natur, und die Bedrohung, Verlassenheit und Ohnmacht des Menschen (D. CORDINGLY, 1974).

1 Was sind Transgressionen und Regressionen?

Steigt der Meeresspiegel nicht nur kurzfristig wie bei solchen Stürmen oder wie im Gezeitengeschehen an, sondern langfristig, über Jahrtausende und länger hin, so wandert die Küste landein und das Meer davor wird bei dieser Transgression tiefer. Dasselbe kann eintreten, wenn das Land absinkt und dabei nicht genügend Material vom Land, etwa vor Deltas, ins Meer gelangt, um die Absenkung auszugleichen. Es kommt also auch auf die jeweilige Geschwindigkeit dieser Prozesse an.

Bei Regressionen zieht sich das Meer wieder zurück. Meeresböden werden dabei vom Rande her trocken gelegt. In Versen liest sich die Transgression in Johann Jacob SCHEUCHZERs Kupferstichbibel, der Physica Sacra von 1731–33 so:

„Der Himmel fleusst und geusst,
die Ufer deckt das Meer
und gibt sein Eingeweid
zur Überschwemmung her."

Die Regression:

> „Das Wasser kriecht und schleifft
> in Hölen, Gäng und Ställe,
> die Berg entblössen sich,
> des Himmel-Zelt wird helle:
> Das Fenster öffnet sich
> in Noe Archen-Haus,
> der Rabe fliegt behend
> auf sichre Kundschaft aus."

Diese Erscheinungen haben also die Menschheit seit jeher beschäftigt. In alt-indischen und -ägyptischen Schriften wird von wiederholtem Versinken des Landes unter das Meer berichtet. ARISTOTELES (384–322) schrieb, daß „das Meer nicht aufhöre, sich aus verschiedenen Landstrichen zurückzuziehen und von anderen Besitz zu ergreifen". Im arabischen Raum denkt Ibn Sina AVICENNA (980–1037) darüber nach, wie marine Schichtfolgen an Land entstanden sind. Der chinesische Astronom SHEN KUO (1031–1095) berichtet vom Wechsel von Land und Meer. ALBERTUS MAGNUS (1193–1280) deutet in der Umgebung von Paris und Brüssel Schichten mit marinen Fossilien als Ablagerungen früherer Meere. Die scharfsinnigen Beobachtungen und zutreffenden Erklärungen Leonardo da VINCIS (1452–1519) in Oberitalien werden vielfach zitiert. Doch erst mit Nikolaus STENOS (1638–1687) Untersuchungen in der Toskana beginnt im eigentlichen Sinn die wissenschaftliche Beschäftigung mit unserem Thema.

Freilich wird die biblische Sintflut, die seit Ristoro di Arezzo (La composizione del Mondo, 1282) zur Erklärung mancher Merkwürdigkeiten herangezogen wurde, bis in das 19. Jahrhundert hinein ernsthaft diskutiert. Der letzte wichtige Versuch, die geologischen Befunde mit der biblischen Überlieferung zusammenzubringen, stammt von W. BUCKLAND (1784–1856). In seinem Buch von 1823 „The relics of the Flood" prägte er auch die stratigraphische Abteilung „Diluvium", heute durch das „Pleistozän" ersetzt. Das darauf folgende „Alluvium" beginnt als „Holozän" vor 10 000 Jahren.

Die Transgression als Bedrohung hat indessen auch in der Literatur bis heute noch nicht ausgespielt. So steht das dunkle Meer als Metapher für heraufziehendes politisches Unheil im Roman „Die grosse Hoffnung" von Ilse AICHINGER (1948): ... „Ängstlich sammelten sich die Inselgruppen. Das Meer überflutete alle Länder und Breitengrade. Es verlachte das Wissen der Welt, schmiegte sich wie schwere Seide gegen das helle Land und liess die Südspitze von Afrika nur wie eine Ahnung im Dämmern. Es nahm den Küstenlinien die Begründung und milderte ihre Zerrissenheit."

2 Wie erkennt man Transgressionen und Regressionen?

Für den Geologen sind die Gesteine nicht nur Sachen. Sie sind ihm auch Speicher von Tatsachen. Er überlegt sich, was etwa von einem Fluß bleibt, der im Tiefland das Meer erreicht. Da sind die von ihm mitgeführten und in Talauen abgelagerten Gerölle, Sande und Tone, ein Ensemble, das im allgemeinen küstenwärts feiner wird. Da ist der dort hohe Grundwasserstand, der pflanzliche Reste vor dem Verwesen schützt, so daß sie sich in Torf und schließlich Kohle verwandeln können. Da leben auch manche für das Süßwasser typische Muscheln. Aus dem gesamten anorganischen und organischen Gehalt schließt er aus solch einem uralten Gesteinsbild auf eine „fluviatile Fazies". In der anschließenden Delta-Fazies (Abb. 1) kommt der Einfluß von Brackwasser hinzu, etwa in teilweise abgeschnürten Lagunen wie um Venedig. Die Küste selbst mit ihren Strandbildungen, Abbrüchen und Dünen ist ein so schmaler Geländestreifen, daß er nur selten hoffen kann, sie überliefert zu sehen. Deshalb sind die wenigen Stellen fossiler Küsten im nahen Mainzer Becken geologische Wallfahrtsorte. Küste bedeutet aber im allgemeinen

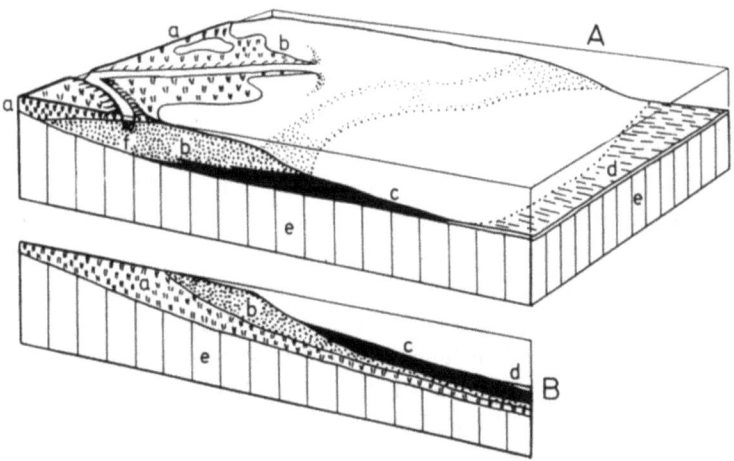

Abb. 1. Schematisches Profil durch ein Delta.
A: Das Delta baut sich nach rechts in ein Flachmeer vor. Links der „amphibische" Bereich mit Flußrinnen und deren Uferdämmen (f) samt den dazwischenliegenden Marschgebieten und Lagunen (a). Seewärts folgt die Deltafront (b) mit typischen Sedimenten und Organismen. Dasselbe gilt für das Prodelta (c). Der Boden des Flachmeers (d) schließt sich an. Die ganze Abfolge liegt auf einer älteren Basis auf (e), ob aus älteren Deltas stammend oder nicht. Mit dem Vor- und Hochbau wird das Meer zurückgedrängt. Eine „regressive" Schichtfolge entsteht. (a auf b, b auf c).
B: Unter Annahme eines steigenden Meeresspiegels würde das Meer nach links rücken und eine „transgressive" Schichtfolge entstehen lassen (a unter b, b unter c). Nach E. SEIBOLD u. W. H. BERGER, 1982.

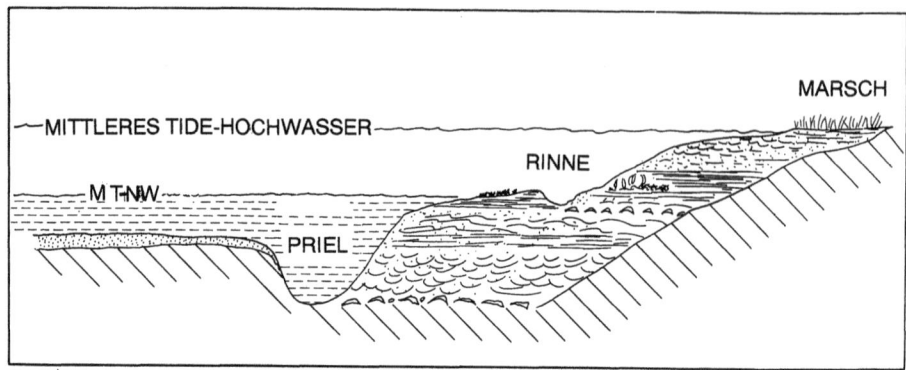

Abb. 2. Schematisches Profil durch einen Watt-Sedimentkörper. Da sich die Gezeitenrinnen (Priele) ständig verlagern, werden die Wattsedimente einige Meter tief aufgearbeitet. Dadurch werden die gröbsten Bestandteile, vor allem Muschelschalen an der Basis der Rinnen durch die Verlagerung flächenhaft angereichert. Im Niveau des mittleren Tideniedrigwassers (MTNW) bilden sich kleinere Rinnen aus, die sich gleichfalls verlagern und Anreicherungen hinterlassen. Nach oben, d. h. landwärts folgen sandige und zuletzt tonige Sedimente, jeweils mit deren typischen Bewohnern, die auch entsprechende Lebensspuren hinterlassen. Die Marschvegetation wird nur bei Sturmfluten mit marinem Sediment überdeckt. Diese Abfolgen sind so bezeichnend, daß Wattsedimente klar identifiziert und als Meeresspiegelanzeiger verwendet werden können. Nach G. M. FRIEDMAN et al. 1992.

auch Flachwasser davor. Küstennahe, flächenhafte Sedimente müssen sich zunächst einmal mit oft heftigen Wasserbewegungen, mit Wellen und Strömungen auseinandersetzen. Das hinterläßt in ihrem Gefüge, aber auch in den organischen Resten eindeutige Spuren. Am klarsten ist in unseren Breiten die Watt-Fazies (Abb. 2), in den Tropen die Mangrove-Fazies zu identifizieren. Dies geht schon so weit, daß man aus australischen Gezeiten-Rhytmiten astronomische Größen für die Zeit vor rund 700 Millionen Jahren abzuleiten versucht. Damals soll beispielsweise das Jahr 400±20 Tage gehabt haben (G. E. WILLIAMS, 1989).

Auch hier also ständiger Wandel! Die diese Fazies prägenden Gezeiten sind geradezu Kleinmodelle von Trans- und Regressionen, sich vielerorts zweimal täglich wiederholend und auch heute noch das Leben ganzer Länder beeinflussend. Dichterisch beschreibt Paul CLAUDEL (1954) dieses Schauspiel von den Niederlanden: „Wenn zur Stunde des Mittags auf dem aus tausend Schiffen erbauten Triumphwagen unter dem Geknatter seiner dreifarbigen Fahnen der Gott der Wogen gewaltig Besitz von dem Netz aus Arterien und Venen ergreift und wiederum und noch einmal diesen ihm tief zu eigen gehörenden Lande seinen Besuch abstattet."

Das zweite Kennzeichen für flaches Wasser ist, daß in ihm das Sonnenlicht bis auf den Meeresboden hinunter von Pflanzen ausgenützt werden kann. Das ermöglicht das Gedeihen von Kalkalgen oder riffbildenden Korallen, oder von Großforaminiferen, die beide von symbiontischen Algen abhängen. Die daraus entstehenden verschiedenartigen Kalke und Dolomite sind daher typisch für flachstes Wasser.

Nimmt die Wassertiefe zu, so werden die Sedimente im allgemeinen feinkörniger. Tone treten anstelle von Sanden. Entsprechend ändern sich Flora und Fauna.

Rückt also die Küste land- oder seewärts, so folgen ihr diese flächenhaften Faziesbereiche. Trans- und Regressionen können damit dokumentiert werden (Abb. 1). Dem Geologen hilft bei der Rekonstruktion das sog. WALTHERsche Gesetz, wonach Schichten, die in einem Profil übereinander folgen, bei ihrer Entstehung irgendwo auch seitliche Nachbarn gewesen sein müssen (I. SEIBOLD, 1992).

Bei all diesen Fragen sind in den letzten Jahren große Fortschritte erzielt worden, die weit über die zunächst undifferenzierte Aussage hinausgekommen sind, daß ein Sediment marin (oder nichtmarin) ist, wenn in ihm beispielsweise Korallen, Ammoniten, Stachelhäuter oder Radiolarien gefunden werden. Schon vor der Aufnahme des Geologischen Kartenblatts Heidelberg vor hundert Jahren (A. ANDREAE u. A. OSANN, 1896) hatte man hier Zechsteinsedimente mit einer – freilich kümmerlichen – Fauna mariner Muscheln gefunden. Man wußte also, daß unser Raum vor 250 Millionen Jahren unter dem Meeresspiegel gelegen haben muß.

Entscheidende Anstöße für die erwähnten Fortschritte sind der Erdölindustrie zu verdanken. Seit Jahrzehnten exploriert sie verstärkt an den Rändern der Kontinente. Mit Forschungsschiffen wird dort intensiv und in kontinuierlichen Profilen die sog. Reflexionsseismik betrieben, eine akustische Methode, mit der man sich wie bei Röntgenaufnahmen ein Bild des inneren Gefüges eines Patienten machen kann. Danach können ja auch die Zahnärzte besser bohren.

Man versucht, die dadurch gewonnenen Aufnahmen genetisch zu deuten und Sequenzen von Transgressiv/regressiv-Perioden auszusondern. Nach Bohrprofilen kann man sie dann auch zeitlich einhängen. (P. R. VAIL et al., 1977, 1991; B. U. HAQ et al., 1987). Das Prinzipielle dabei:

Das über das Land vorrückende Meer deckt mit seinen Sedimenten den vorgefundenen Untergrund entweder passiv zu, oder arbeitet ihn aktiv auf, ebnet ihn ein, schneidet also alte Schichten ab und hinterläßt gelegentlich aus dem ausgearbeiteten Material ein sog. Basiskonglomerat. Würden wir an einem festen Punkt verankert bleiben, so würden wir merken, daß dann das Meer laufend tiefer wird. Sedimente und die Reste von Flachwasser-Organismen würden also allmählich von solchen des tieferen Wassers überlagert.

Bei einer regressiven Phase würde sich diese Schichtenfolge umdrehen.

Bei einem vollkommenen Zyklus würde die Oberfläche endlich sogar wieder trockenfallen. Es könnten sich Böden bilden. Kalkschlamme könnten zu sog. Hardgrounds zementiert werden und sogar schließlich verkarsten. Flüsse würden sich in Rinnen einschneiden. Auch dabei könnte es zu Schichtverlusten kommen. Die oft auffällige untere Grenze, zu Beginn einer Transgression, und die obere mit ihren jeweiligen Schichtlücken schließen eine sog. Sequenz des Transgressions/Regressionszyklus ein. Hängt man diese Sequenzen zeitlich in das erdgeschichtliche

Profil ein, so spricht man neuerdings von einer Sequenz- oder einer seismischen Stratigraphie.

Damit kommen wir zur Erdgeschichte.

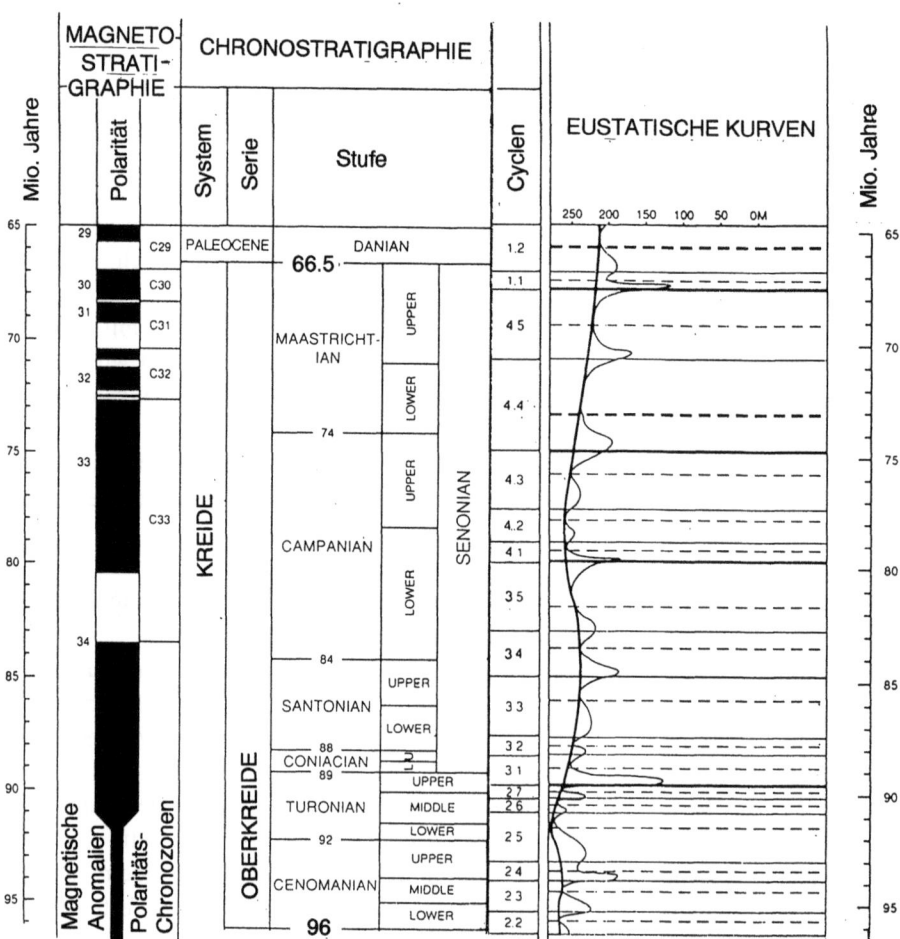

Abb. 3. Meeresspiegelschwankungen nach Sequenzanalysen. Als Beispiel ein Ausschnitt aus der Oberkreide. Rechts die angenommenen Schwankungen des Meeresspiegels, geologisch langfristig = dick ausgezogen, kurzspannig = dünn ausgezogen. Der Höchststand wird hier im Turon mit 250 Metern über dem heutigen Niveau angenommen. Im Cenoman-Turon, d. h. in 7 Millionen Jahren wurden 6 Transgressionen bestimmt, im Coniac-Maastricht, d. h. in 21,5 Millionen Jahren 11. Diese „kurzfristigen" Transgressions-Regressionszyklen dauerten also hier im Durchschnitt zunächst eine Million Jahre, danach zwei.

Die zeitliche Einordnung beruht auf einer Vielzahl von Methoden neben der klassischen „Chrono"Stratigraphie mit Leitfossilien. Die „Magneto"Stratigraphie bedient sich z. B. der periodischen Umkehr des erdmagnetischen Feldes. Nach B. U. HAQ et al., 1987.

3 Wann traten Transgressionen und Regressionen in der Erdgeschichte auf?

Aus der in den seismischen Aufzeichnungen enthaltenen Geometrie der geschilderten Sedimentkörper wurden danach an den Rändern aller Kontinente relative Meeresspiegelschwankungen abgeleitet (P. R. VAIL et al., 1977). Derzeit werden z. B. seit der Trias, d. h. seit rund 250 Millionen Jahren, 119 diskutiert. Sie haben die unterschiedlichsten Amplituden, zwischen Dekametern und, langfristig, d. h. in der Größenordnung von 100 Millionen Jahren gesehen, bis zu 250 Metern (B. U. HAQ et al., 1987). Ein Beispiel aus der Oberkreide zeigt Abb. 3. Es ist hier nicht der Ort, auf das Pro und Kontra oder gar auf die vielen neuen Termini einzugehen, die von diesen Vorstellungen ausgegangen sind. Das beschäftigt derzeit ganze Kongresse, wie etwa die Stuttgarter Jahresversammlung der Geologischen Vereinigung in diesem Frühjahr. Diese Ideen sind also auch in den süddeutschen Raum transgrediert. Eine neue Sequenz-Stratigraphie (T. AIGNER u. G. H. BACHMANN, 1992) unterscheidet beispielsweise aus Geländebeobachtungen und Bohrungen in der Germanischen Trias mindestens 12 solcher Transgressions/Regressions-Sequenzen.

Die Haupteinwände gegen den großen Rahmen sind (z. B. N. CHRISTIE-BLICK et al., 1988); ob

1) die Sequenzen überhaupt alle in genügend großer Genauigkeit erkannt und gedeutet werden können, ob
2) die zeitliche Einordnung ausreicht, und vor allem, ob
3) diese Ereignisse wirklich als global und nicht viele davon nur als regional anzusehen sind.

4 Die Folgen von Hoch- und Tiefständen

Um Sie nicht übertrieben logisch weiterzuführen, möchte ich jetzt auf einige Folgen der Spiegelschwankungen und erst danach auch auf einige Ursachen eingehen. Beschränken wir uns zudem auf die etwas eingehendere Diskussion der Transgressionen, und auch da nur auf den größeren Rahmen.

Zunächst ein Blick auf das langfristige Szenario:

In der Perm/Triaszeit, also vor 300–200 Millionen Jahren, lag der Meeresspiegel etwa im heutigen Niveau, gelegentlich wohl auch ein wenig tiefer. Er stieg danach mit den erwähnten Schwankungen bis zur Oberkreide (Cenoman/Turon) vor rund 90 Millionen Jahren an, maximal um 250, nach einigen Autoren sogar um über 300 Meter. Die Folge war, daß damals 85% der Erdoberfläche vom Meer bedeckt waren (Abb. 4) und nicht 70% wie heute. Weite Teile der Sahara, Nordamerikas, aber auch Nordwest-Europas waren überflutet. Wir sehen das überall dort,

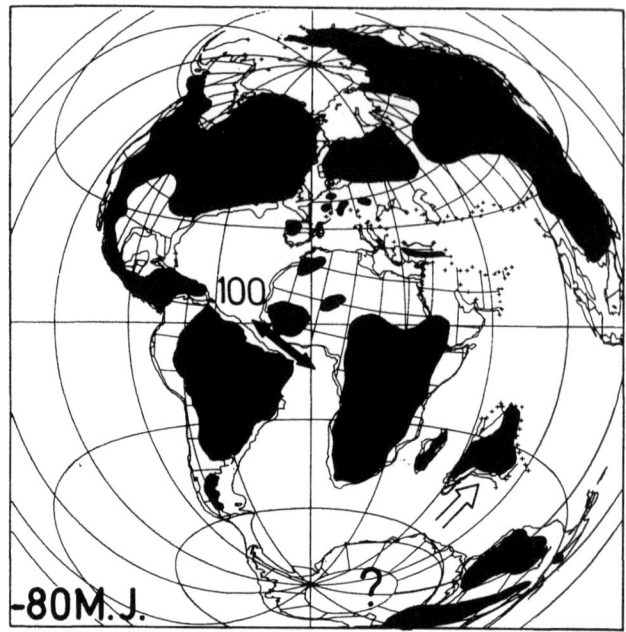

Abb. 4. Meer und Land in der Oberkreide. Die Lage der Kontinente ist für die Zeit vor rund 80 Millionen Jahren eingetragen, das nicht von Flachmeeren bedeckte Festland (schwarz) vor rund 90 Millionen Jahren. Nach E. SEIBOLD, 1991.

wo die weißen porösen marinen Kalke der Kreideformation den Namen gegeben haben. Wiederum stufenweise sank der Meeresspiegel in den Jahrmillionen danach ab. Die maximale Überflutung Australiens fällt freilich in die Zeit davor (−125 bis −115 Millionen Jahre).

Bei flächenhaft so extremen Transgressionen wie in der Oberkreide wird

1) weniger Sonnenenergie in den Weltraum zurückgestrahlt. Die Albedo von Wasserflächen liegen bei 5−10%, von bewachsenem Land bei 10−20%, von Wüsten bei 20−30%. Eine Erwärmung der Erdoberfläche muß daher die Folge sein.
2) Die Flüsse verlieren an Gefälle und tragen dadurch weniger Material ab. Die Verwitterung von Silikaten und damit die Aufnahme von CO_2 aus der Luft schwächt sich ab.
3) In den erweiterten Flachmeeren wird durch Organismen vermehrt Kalk ausgefällt, wodurch zusätzliches CO_2 in die Atmosphäre abgegeben wird.
4) In die Tiefsee gelangen weniger Karbonate vom Flachmeer und vom Land. Die Ozeane können deshalb weniger davon auflösen, d.h. auch insgesamt weniger CO_2 aus der Atmosphäre aufnehmen.

Dies alles bedeutet eine Zunahme des CO_2-Gehalts − ? auf das Zehnfache der heutigen Werte? −, also eine Erwärmung des Klimas. Entsprechend schwächen

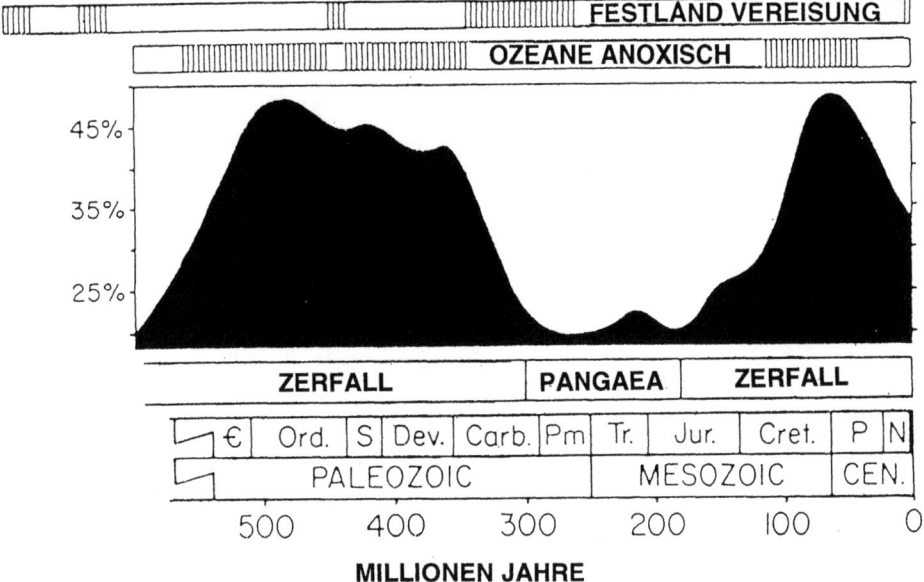

Abb. 5. Ausmaß der Überflutung der Festlandflächen in Prozenten im Phanerozoikum. Die Zusammenhänge mit dem Zerbrechen des Superkontinents Pangaea seit der Trias (Tr), der Transgressionsphasen mit der Erdölbildung („anoxische" Ozeane) und der Bildung ausgedehnter Festlandsvereisung werden im Text erläutert. Nach P. F. HOFFMANN, 1992.

sich die Temperaturunterschiede zwischen den Polen und den Tropen ab. Polare Eiskalotten wie wir sie heute haben, sind sehr unwahrscheinlich. Alles spricht für eine generelle Abschwächung der Zirkulation, in der Atmosphäre, im Oberflächenwasser, aber auch im Tiefenwasser der Ozeane. In ariden Zonen kann deshalb auch der Salzgehalt in den ausgedehnten Flachmeeren durch Verdunstung so ansteigen, daß solche dichteren Wassermassen in die Tiefsee absinken können. Damit kann die Sauerstoffzufuhr dort blockiert werden. Als Folge davon bleibt organische Substanz im Sediment besser erhalten. Durch die Tiefseebohrungen sind deshalb in der Kreide mehrere ausgedehnte Lagen von „Schwarzschiefern" bekannt geworden, Zeugen für solche „anoxische" Phasen (AOE = Anoxic Events, nach S. O. SCHLANGER u. H. C. JENKYNS, 1976) (Abb. 5).

In diesem Zeitraum wurde daher ein Großteil der Erdölreserven der Erde gebildet, bezeichnenderweise 80% davon im schon damals erhöhter Verdunstung ausgesetzten „Mittelmeergebiet", der „Tethys", die von der Karibik über den Mittleren Osten bis nach Insulinde reichte.

Am Rande ein 5. Aspekt: Transgressionen stellen für marine Organismen neue Lebensräume zur Verfügung. Dies vor allem, wenn etwa das Auseinanderbrechen des Urkontinents, der „Pangaea" seit 200 Millionen Jahren laufend neue und individuelle Meeresbecken, aber auch neue Verbindungen geschaffen hat. Obwohl quantitativ schwer zu fassen, fällt zumindest die Entstehung neuer Arten, eine Ra-

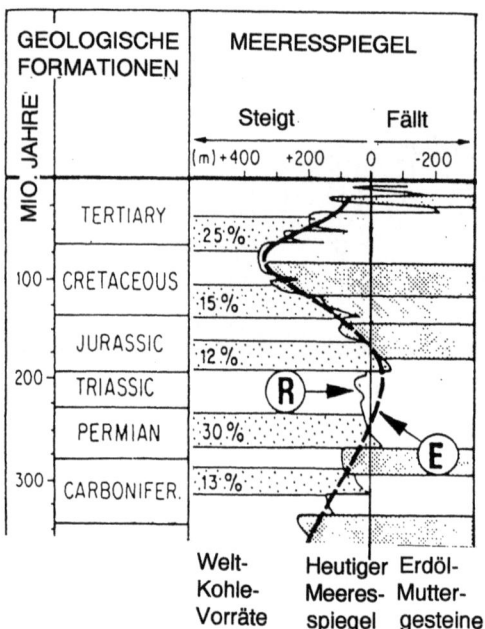

Abb. 6. Zusammenhänge zwischen Meeresspiegelschwankungen und hauptsächlichen Perioden, in denen sich Erdölmuttergesteine bzw. Kohleflöze gebildet haben. R = Transgressionen und Regressionen nach VAIL, E = nach PITMAN. Vereinfacht nach B. TISSOT, Nature, 277, 465, 1979.

diation, mit der insgesamt transgressiven Mittel/Oberkreide zusammen (A. H. MULLER, 1983). Die Ammoniten erreichten beispielsweise ihre höchste Diversität im Cenoman, wo zu der großen Zahl von provinziellen Arten viele Kosmopoliten kamen (J. C. WIEDMANN, 1988).

Ein Letztes: Regressionen kehren viele der obigen Vorzeichen wieder um. Beim Wirtschaftlichen wird dabei nicht die Ölbildung, sondern die Kohlebildung an Land begünstigt. Natürlich muß dabei das Paläoklima an Land mitspielen (Abb. 6). Doch das Wichtigste für den großen Rahmen der Erdgeschichte: Nach dem für die Transgressionen Gesagten sollte der seit der Oberkreide generell abfallende Meeresspiegel insgesamt den CO_2-Gehalt der Atmosphäre stufenweise vermindert haben. Dies scheint einer der wesentlichen Gründe für die globale Abkühlung bis hin zur letzten Eiszeit zu sein.

5 Einige Ursachen

Selbst bei konstantem Niveau des Meeresspiegels kann sich die Küste verschieben. Dann nämlich, wenn sich regional das Land heraushebt oder absinkt. Hinter dem ehemaligen Heidelberger Schloßhotel liegt der Zechsteindolomit 230 m über dem

Meer. Er wurde also herausgehoben. Außerdem drang das Zechsteinmeer durch unterschiedliche Kippungen von Norden her in unseren Raum ein; später, im Muschelkalk, kam es von Süden und Osten, im Jura von Westen. Es wich im Oberjura nach Süden zurück und drang im Alttertiär noch einmal, aber nur in den Oberrheingraben vor. Im Miozän wurde es endgültig des Landes verwiesen, und das mit großen Getöse, mit einer Heraushebung, die mit dem Ausbruch des Kaiserstuhlvulkans verbunden war. All dies geht also zunächst auf unterschiedliche, tektonisch bedingte, vertikale Krustenbewegungen zurück.

Viele dieser Bewegungen werden heute auf das Aufeinandertreffen der Lithosphärenplatten zurückgeführt – von der spektakulären Heraushebung des Himalaya, der Alpen, bis zu subtileren Verbiegungen durch Spannungs-Verlagerungen zwischen diesen Platten, etwa am Rande oder innerhalb von Sedimentbecken, wo sie für die Erdölgeologie wichtig sind (S. CLOETINGH, 1986). Die Plattentektonik kann freilich das weitspannige Auf und Ab der Kontinente nicht erklären – im Gegensatz zu deren horizontalen Bewegungen. Mit geodynamischen Computermodellen und der seismischen Tomographie wird versucht, dieses Auf und Ab gleichfalls auf Mantelkonvektion zurückzuführen, die unter den Kontinenten Schwereunterschiede erzeugt (M. GURNIS, 1990, 1992 und A. M. DZIEWONSKI u. J. H. WOODSHOUSE, 1987). Ein zweites Beispiel:

Skandinavien hebt sich im nördlichen Bottnischen Meerbusen auch heute noch um bis zu 8 mm in einem Jahr heraus (Terra Nova, 3. 4. 1991), eine Reaktion in erster Linie auf die Entlastung durch das Abschmelzen der letzten eiszeitlichen Eiskappen. Dasselbe gilt für Nordamerika mit dem Zentrum an der westlichen Hudsonbai. In der Mitte des 18. Jahrhunderts wurde die baltische Regression bekanntlich noch auf ein Austrocknen des Meeres durch Verdunstung oder ein Verlust von Wasser in Löchern des Meeresbodens zurückgeführt, etwa von Anders CELSIUS, 1743 (Details bei M. EKMAN, 1991).

Nun kann sich aber auch der Meeresspiegel selbst verändern, wenn sich das Volumen der Ozeanbecken oder wenn sich das Volumen des Meerwassers verändert.

Der erste Fall: Wenn Ozeanbecken altern, kühlt sich ihre Kruste ab und sinkt dadurch ein. Eine Regression wäre die Folge. Oder umgekehrt: Wenn neue Ozeane aufbrechen und junge, heiße, hochgepreßte ozeanische Kruste entsteht, verringert sich das Volumen der Ozeanbecken. Das ist beim Zerbrechen der Pangaea seit dem Perm geschehen und erklärt die erwähnte generelle Tendenz von Transgressionen danach.

Ferner: Werden während der Spreizung des Meeresbodens an den Mittelozeanischen Rücken besonders intensiv heiße Basalte gefördert, also bei hoher Spreizrate, so bleiben diese Rücken und auch deren Flanken besonders lange hochgehoben. Das Volumen der Ozeanbecken wird also wieder verkleinert. Hohe Spreizrate bedeutet zudem erhöhte Zufuhr kalter Lithosphäre in die Subduktionszonen, dort also eine Absenkung des Kontinentalrandes, d. h. ein relativer Meeresspiegelanstieg. Diese Vorgänge werden für die Transgressionen in der Oberkreide verantwortlich gemacht. Hinzu kommt offensichtlich eine synchrone, ungewöhnlich voluminöse Magmenförderung im Südwestpazifik, die dort ausgedehnte basaltische Plateaus aufgebaut hat (R. L. LARSON, 1991). Hier geht es also um globale Erscheinungen und um Ursachen, die im Erdmantel liegen. Davon wissen wir aber noch wenig. Deshalb ist auch die globale Regression seit der Oberkreide noch nicht zu erklären. Doch halten wir uns vor Augen, daß bei einer mittleren Tiefe der Ozeane von 3,7 km diese auf einem mannshohen Globus nur eine Haut von 1 mm Dicke darstellen würden! Ein Geologe, der es mit dem Meer und mit den unvorstellbaren Jahrmillionen zu tun hat, wird sich auch bei anderen Zahlen bewußt, wie bescheiden wir bleiben müssen. Deshalb gilt immer noch die Feststellung A. WEGENERS (1929, S. 188): „Die Klärung der Ursache der Transgressionswechsel in der Erdgeschichte wird eine der wichtigsten, aber auch eine der schwierigsten Aufgaben der künftigen geologischen und geophysikalischen Forschung darstellen."

Globaltektonisch bedingte Meeresspiegelschwankungen sollen nur rund 1–1,5 cm/1000 Jahren ausmachen (W. C. PITMAN u. X. GOLOVCHENKO, 1983). Doch seit der Oberkreide sind 90 Millionen Jahre verflossen, was leicht den Rahmen von einigen Hundert Metern Niveau-Absenkung erklären kann.

Als Letztes wäre zu überlegen, wie die kontinuierliche Zufuhr von Sedimenten das Ozeanvolumen vermindert. E. SUESS (1906) hat dies für einen wesentlichen Faktor für das Ansteigen des Meeresspiegels gesehen. Neuere Berechnungen gehen – nach Berücksichtigung der erhöhten Auflast und dadurch einer isostatischen Absenkung des Meeresbodens – von einem Anstieg von weniger als 0,25 cm/1000 Jahren aus. Doch werden ja kontinuierlich an den Subduktionszonen der Plattenränder Sedimente auch wieder verschluckt.

Der zweite Fall: Obwohl im Psalm (33,7) steht, daß Gott „die Wasser des Meeres wie in einem Schlauch zusammenhält", kann sich auch das Wasservolumen ändern. Das kann mit der Temperatur zusammenhängen. Doch bleiben dies natürlich kleine Beträge, da es sich dabei immer nur um wenige Grade handeln kann. Immerhin wird die Hälfte des Meeresspiegelanstiegs um rund 15 cm seit 100 Jahren auf die bisherige globale Erwärmung von rund $\frac{1}{2}$ °C zurückgeführt, der Rest auf das Abschmelzen von Gletschern (Abb. 7).

Diese glazio-eustatischen Vorgänge diktierten die Lage des Meeresspiegels weltweit seit dem Aufbau des antarktischen Festlandeises, zögerlich noch im Oberoligozän, d. h. vor über 24 Millionen Jahren, ausgedehnter dann seit dem Mittelmiozän, d. h. seit rund 15 Millionen Jahren. Das Ende des Tertiärs, der Beginn des Pleistozäns, wird angezeigt durch das zusätzliche Einsetzen der nordischen Festlandsvereisung vor rund 3 Millionen Jahren. Auf dem Höhepunkt der letzten Glazialphase sollen 23,5 Millionen km^2, d. h. 65 Millionen km^3 Festlandeis erreicht worden sein (G. H. DENTON u. T. J. HUGHES, 1981). Andere Schätzungen rechnen mit 80 Millionen km^3. Heute sollen es noch 30 Millionen km^3 sein. Das sind ausreichende Potentiale zum Erklären der beobachteten Meeresspiegelschwankungen zwischen Glazial- und Interglazialphasen in Bereichen um 100–130 m. Würde der Rest abschmelzen, so könnte mit einem Anstieg um rund 40–60 m gerechnet werden.

Marine Transgressionen und Regressionen

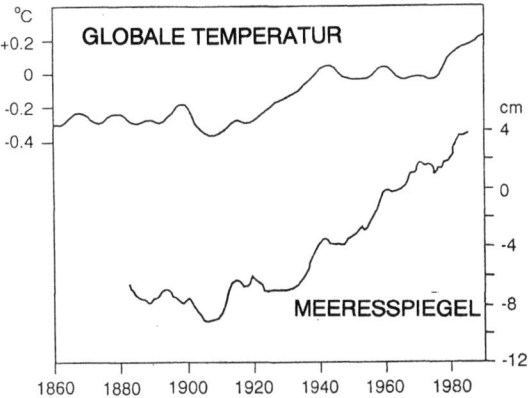

Abb. 7. Der über viele Werte gemittelte Anstieg der Temperaturen (IPCC, 1990) entspricht im Ganzen dem Anstieg des Meeresspiegels (T. A. BARNETT, 1988). Dies ist auch bei sonstigen publizierten Kurven für beide Parameter in dieser Periode der Fall. Nach J. C. VAREKAMP et al., 1992.

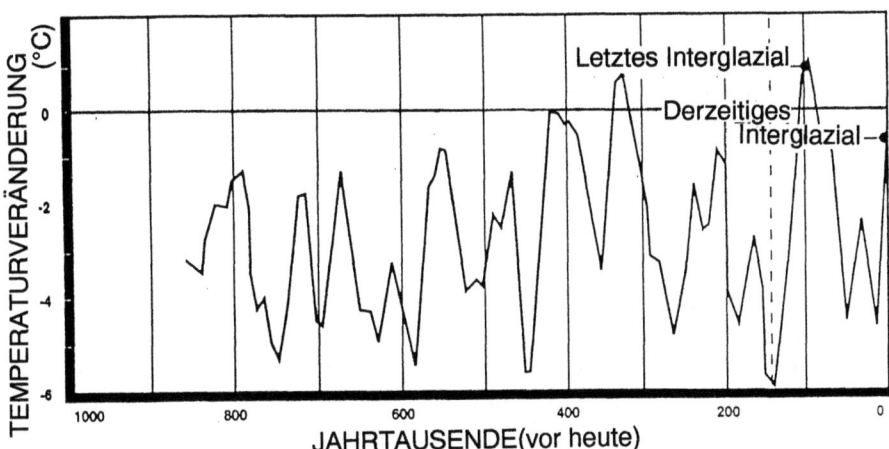

Abb. 8. Oberflächentemperaturen des äquatorialen Pazifik in den letzten 850000 Jahren. Sie wurden aus den $^{16}O/^{18}O$-Verhältnissen von Plankton-Schalen in Sedimentkernen abgeleitet und geben in erster Näherung auch die Fluktuationen des Meeresspiegels wieder. Schematisiert nach N. J. SHACKLETON u. N. OPDYKE, 1973.

Für das Karbon werden – im wahrscheinlichsten Szenario – 18 Millionen km^2 und 40 Millionen km^3 Festlandeis auf dem südlichen Gondwanakontinent angenommen und – isostatisch korrigierte – Spiegelschwankungen von 60±15 m (T. J. CROWLEY u. S. K. BAUM, 1991). Bekanntlich geht auf dieses Auf und Ab des Meeresspiegels in dieser Zeit die weltweite Fülle von Kohlenflözen zurück.

Da das Meerwasser bei der Verdunstung bevorzugt ^{16}O abgibt und sich dieses in Niederschlägen und im Festlandeis anreichert, steigt in Glazialzeiten der Gehalt an ^{18}O im Meerwasser und in den Kalkschalen der darin lebenden Organismen. Mit Hilfe der Foraminiferen konnte damit die Stratigraphie der Glazial/Interglazialzeiten, somit auch die zeitliche Abfolge von Trans- und Regressionen für das Pleistozän (Abb. 8) und darüber hinaus so verfeinert werden, daß dabei sogar der Einfluß zyklischer astronomischer Parameter nachgewiesen werden konnte. Die rund 100 000 Jahre-Periodizität der Erdbahn-Exzentrizität drückt sich z. B. besonders klar für die letzten 900 000 Jahre aus, die 40 000-Jahresperiodizität (der Schiefe der Erdbahn) aus unerklärten Gründen davor. Auch die Periodizität von rund 20 000 Jahren (Präzession) kann herausgefiltert werden.

Mit welchen Geschwindigkeiten kann man bei diesem Auf und Ab des Meeresspiegels rechnen? Im Gegensatz zu den wenigen cm/1000 Jahren bei den tektonisch bedingten, kann es hier bis zu 20 m/1000 Jahren kommen (Abb. 9). Im Persischen Golf ist beispielsweise während des derzeitigen, holozänen Anstiegs in den Jahrtausenden vor rund 6000 Jahren die Küstenlinie jährlich bis zu vielen Dekametern nach Mesopotamien hin zurückgewichen.

Vielleicht wurden dadurch die Sumerer aus ihrer ursprünglichen Heimat im Golf vertrieben, eine der vielen Möglichkeiten, das Rätsel zu lösen, wo sie denn mit ihrer Hochkultur hergekommen sind.

Doch bevor wir noch näher auf den Beginn der postglazialen Transgression eingehen, als der Mensch noch über die trockengefallene südliche Nordsee nach England gelangen konnte und unterwegs Mammute jagte, oder als über das trockengefallene Beringland Nordamerika besiedelt wurde, möchte ich einige meiner bisher hoffentlich überzeugenden Ableitungen etwas relativieren.

1) Der Meeresspiegel ist nämlich gar kein ebener Spiegel. Er verzerrt deshalb und verändert sich dauernd, Tag für Tag, Jahr für Jahr. Man hat versucht, die exogenen Schwankungen herauszufiltern, also Ebbe und Flut, Einwirkung von Stürmen, vom Monsun, von Meeresströmungen, von Flußhochwässern vor Mündungen. Selbst dann bleibt noch ein Relief im Bereich von Metern übrig. Dieses ist schwerkraftbedingt, vom Geoid beeinflußt, und damit ein überraschendes Hilfsmittel der letzten Jahre geworden, die Großmorphologie der Ozeanbecken von Satelliten aus zu kartieren.

2) Mit den großräumigen Verlagerungen von Eis- und Wassermassen während der Eiszeit und der dadurch beeinflußten Rotation der Erde sind zusätzlich langperiodische Änderungen des Meeresspiegels zu erwarten (Abb. 10 und 11).

3) Die quantitative Beurteilung der Subsidenz durch Sedimentauflast an Kontinentalrändern oder/und durch weitere Abkühlung der Kruste darunter ist in der Erdgeschichte eine nie endende Aufgabe. Hier gehen beispielsweise die überfluteten Schelfbreiten mit ihrer Belastung durch das Meerwasser oder deren Entlastung beim Trockenfallen mit ein. Deshalb sind weitere Fortschritte eher aus stabi-

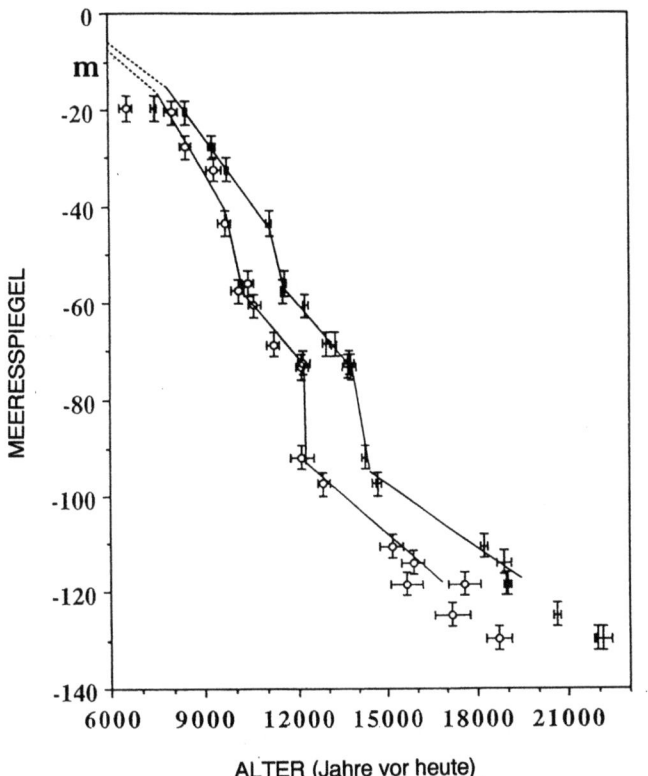

Abb. 9. Postglazialer Anstieg des Meeresspiegels. Die offenen Kreise links sind Werte mit einer Altersdatierung nach der Radiokarbonmethode. Indessen setzen sich derzeit Bestimmungen nach der U-Th-Methode mit fossilen Korallen (rechts) durch. Man beachte den sprunghaften Anstieg zwischen −14500 und 13500 bzw. zwischen −12000 und 11000 Jahren, der bis 2 bzw. 1 Meter im Jahrhundert erreichen konnte. Nach E. BARD et al., Nature 345, 405, 1990.

len innerkontinentalen Bereichen zu erwarten, etwa vom Mesozoikum und Känozoikum der Russischen Plattform (D. L. SAHAGENIAN u. S. M. HOLLAND, 1991). Doch auch diese sind ja hinsichtlich des Meeresspiegels nicht fixiert, da, wie erwähnt, auch unter ihnen Verlagerungen der Schwereverteilung vorkommen.

4) Das Auseinanderhalten von tektonisch oder klimatisch induzierten Niveauschwankungen bleibt schwierig, schon weil die Prozesse in den beteiligten drei Sphären so verschieden schnell ablaufen. Deshalb werden weltweit synchrone Trans- oder Regressionen auch bestritten (Nachdrücklich etwa von N. A. MÖRNER, zuletzt 1992). Ich bin aber trotzdem davon überzeugt, daß zumindest Schwankungen mit großen Amplituden einmal klarer korreliert werden können, wenn die Faziesanalysen verfeinert und vor allem die absoluten Altersdatierungen verdichtet werden können.

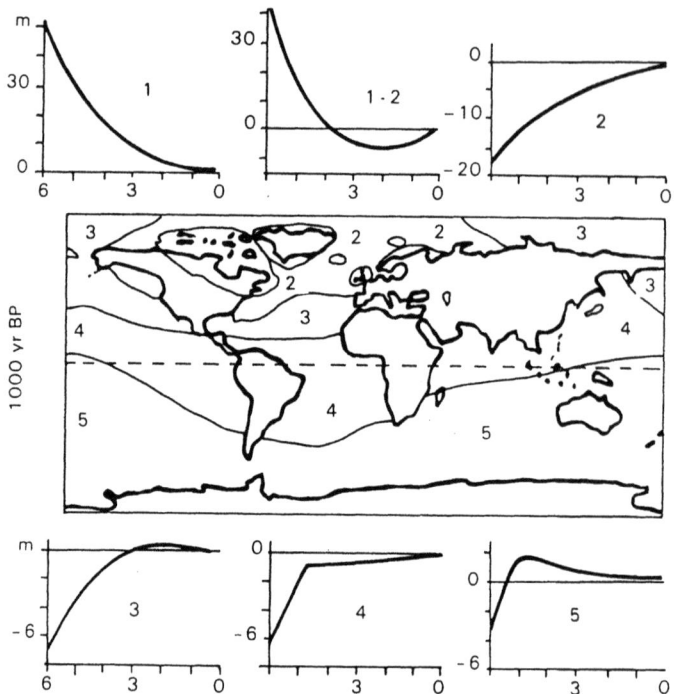

Abb. 10. Modellrechnungen zum Anstieg des postglazialen Meeresspiegels. Das Modell gibt zunächst vor, daß der Meeresspiegel seit 5000 Jahren stabil war. Trotzdem ergibt sich durch das Abschmelzen von Inlandeismassen auf der Nordhemisphäre in den Zonen 1 und 1/2 ein relativer Abfall des Meeresspiegels, da das entlastete Festland aufsteigt. Da der Meeresspiegel aber vor diesen 5000 Jahren durch dieses Abschmelzen angestiegen ist, wurde der Meeresboden in den Zonen 2–5 je nach Wassertiefe und Untergrund unterschiedlich belastet, was Unterschiede in den Anstiegskurven zur Folge hatte. In diesem stark schematisierten Bild gibt es viele Ausnahmen. Es soll hier nur zeigen, wie kompliziert das Ganze ist. Aus P. A. PIRAZZOLI, 1985, nach J. A. CLARK u. C. S. LINGLE, 1979.

Dann erst kann versucht werden, sie mit zwei schon fast vergessenen deutschen Versuchen zu vergleichen, die Erdgeschichte in Zyklen zu gliedern: H. STILLE (1924) und S. von BUBNOFF (1949).

Die orogenen Phasen STILLEs beruhen vielfach auf sorgfältigen Geländeaufnahmen von den erwähnten Diskordanzen und Basiskonglomeraten, also beginnender Transgressionen. Auch hier wurde lange Jahre darüber diskutiert, ob die Phasen weltweit überhaupt synchron sein könnten.

Von BUBNOFF versuchte, aus Faziesanalysen seit der Trias sechs Großzyklen herauszuarbeiten, die jeweils einige Dutzend Millionen Jahre gedauert haben sollen und dabei in das Tertiär hinein kürzer wurden. Auch hier stimmen Transgressions- und Regressionsabschnitte bislang nur gelegentlich mit den Zyklen von B. U. HAQ et al. (1987) überein.

Marine Transgressionen und Regressionen

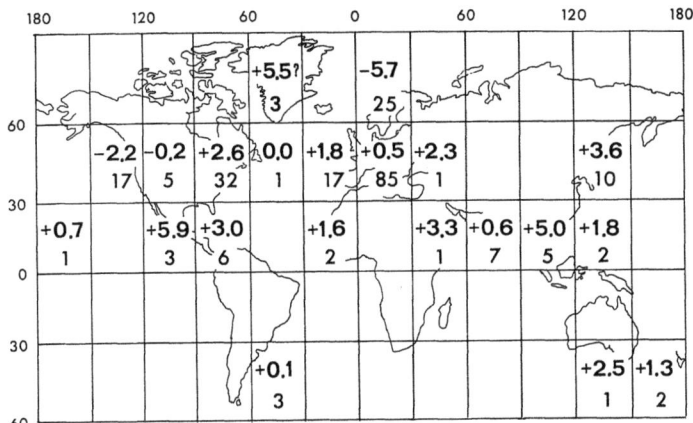

Abb. 11. Langfristige Veränderungen des relativen Meeresspiegels nach Pegelbeobachtungen. Die beobachteten Werte sind über 30° Länge×30° Breite-Ausschnitte gemittelt (mm/Jahr). Kleinere Zahlen darunter geben die Zahl der Pegelstationen an. Das Bild zeigt deren Lückenhaftigkeit und auch einige Diskrepanzen mit Abb. 10. Nach A. J. NALDRETT, 1990.

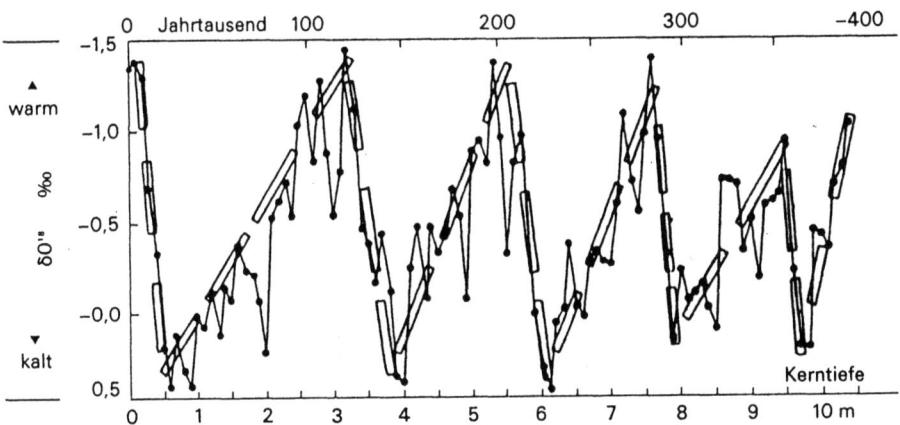

Abb. 12. Klimaschwankungen nach Tiefseekernen. Wie in Abb. 8 wurden die Temperaturen mit planktonischen Foraminiferenschalen, hier in einem Sedimentkern der Karibik, bestimmt. Das Auf und Ab der Kurven zeigt wiederum auch die Schwankungen des Meeresspiegels – im Bereich um 120 Metern – an. Nach E. SEIBOLD, 1991.

5) Gut und direkt sind die vereisungsbedingten Schwankungen mit Perioden bis rund 100000 Jahren zu verstehen, d.h. die „periodischen Parasequenzen" bei P. R. VAIL (1992). Auch das andere Extrem, der schon 200 Millionen Jahre dauernde Großzyklus (1. Ordnung) kann erklärt werden, durch das erwähnte Zerbrechen des Urkontinents Pangaea und das damit verbundene Verhalten der ozeani-

schen Kruste. Die Zyklen dazwischen stellen noch offene Probleme, etwa die in Abb. 3 erwähnten, dar. Weltweite Sintfluten haben es eben in sich!

Der Mensch selbst hat dramatische Transgressionen miterlebt. Unser berühmter lokaler Vorfahr, der Homo erectus heidelbergensis, hat in einem Interglazial mit marinem Hochstand vor rund 600000 Jahren gelebt, glücklicherweise weit vom Meer entfernt; der von Steinheim vor 200000 Jahren. Wir modernen, mit dem schönen Namen „sapiens" geschmückten Menschen, erleben seit 20000 Jahren steigenden Meeresspiegel. Allerdings haben wir in den letzten Jahren durch weltweite Projekte (International Geological Correlation Program, Projekte 60, dann 200 s. a. UNESCO, 1990) gelernt, daß dieser Anstieg global nicht einheitlich verlaufen ist und verläuft (A. L. BLOOM, 1977; P. A. PIRAZZOLI, 1985). Doch stellte sich bei all diesen detaillierten Untersuchungen heraus, daß auch die schnellsten Anstiege des Meeresspiegels im allgemeinen allenfalls für eine ganze Reihe von Generationen von Menschen von Belang waren. Wohl sind aber regionale Katastrophen möglich. In Tiefländern wie Mesopotamien oder Teilen von Indien kann ein Zusammentreffen von Flußhochwässern, Sturmfluten oder von Erdbeben herrührenden Tsunamis aber durchaus sintflutartige Ereignisse verursachen und ihre Spuren auch in der mündlichen Überlieferung hinterlassen. In Anlehnung an das katastrophale Geschehen an der Kreide/Tertiärgrenze wird sogar der Einschlag eines großen in mehrere Stücke zerbrochenen Kometen vor rund 10000 Jahren angenommen (E. KRISTAN-TOLLMANN u. A. TOLLMANN, 1992).

6 Und die Zukunft?

Können wir aus dem Gesagten auch etwas für die Zukunft lernen? Nach GOETHE ist das nicht ganz einfach, denn

> „Seltsam ist Prophetenlied;
> Doppelt seltsam, was geschieht."

Trotzdem erscheint mir als einem Geologen sicher, daß bei einem weiteren Zunehmen des CO_2-Gehalts in der Atmosphäre und der Beifügung sonstiger Spurengase sich langsam generell Erwärmung einstellen wird und der Meeresspiegel ansteigt. Das zeigen die Eiskerne aus Grönland und der Antarktis aus dem letzten Interglazial. Vor einer Sintflut kann deshalb auch dieses Mal gewarnt werden, wenn die Menschheit so weitermacht.

Nach Meinung mancher Klimatologen können aber bei den instabilen Klimaverhältnissen einer Eiszeit, in der wir ja immer noch leben, auch sonstige Änderungen eintreten, die vor allem Küstenbewohner interessieren müssen: Häufigere Extremlagen, etwa Stürme, Änderung der Gezeitenparameter oder gar der Meeresströmungen. Geologische Untersuchungen an Tiefseekernen haben den Verdacht aus Eiskernen bestätigt, daß es auch zu klimatologischen Kippreaktionen kommen kann, die in wenigen Jahrhunderten oder gar Jahrzehnten zumindest Teile von Kontinenten betreffen. So verwandelte sich beispielsweise vor etwa 11 000 Jahren ganz Nordwest-Europa für ein Jahrtausend wieder in ein Tundrengebiet.

Weniger gesichert erscheint mir dagegen noch der Versuch, aus den bisherigen Analysen der sog. MILANKOVICH-Zyklen, d. h. der erwähnten Periodizitäten von 100 000, 40 000 und 20 000 Jahren das künftige Geschehen voraussagen zu wollen. In den nächsten 5000 Jahren soll es danach wieder kälter werden, der Meeresspiegel also abfallen. Doch das könnte selbst bei absoluter Sicherheit solcher Aussagen bei unseren so komplexen Systemen keine Basis für ein Nichtstun bei Prozessen bedeuten, die der Mensch beeinflussen kann.

Schön wäre es ja, wenn sich die vom Menschen zu verantwortende Erwärmung bei weiterhin zunehmenden Gehalten von Spurengasen in der Atmosphäre und die so berechnete natürliche Klimaverschlechterung gerade die Waage halten würden, also: kein Wandel in der Erdgeschichte! Doch hoffe ich, Ihnen gezeigt zu haben, daß dies dem Gang der Erdgeschichte völlig widerspricht. Was sie kennzeichnet, ist der ständige Wandel.

Das Manuskript wurde nach dem gleichnamigen Vortrag auf der Jahresversammlung der Heidelberger Akademie der Wissenschaften am 23. Mai 1992 für den Druck bearbeitet.

Literatur

AIGNER T, BACHMANN GH (1992) Sequence stratigraphic framework of the German Triassic, Profil 1, Sea-level changes − Processes and Products, 82nd Annual Meeting Geologische Vereinigung, Inst. Geol. Paläontol. Univ. Stuttgart (Abstract)

ANDREAE A, OSANN A (1896) Geologische Specialkarte des Großherzogtums Baden, Blatt Heidelberg

BARNETT TP (1988) Global sealevel change, in: National Climate Program Office, Workshop Sept. 1988, NOAA Rockville Maryland

BLOOM AL (1977) Atlas of sealevel curves: International Geological Correlation Programme, Project 61, Cornell Univ., Dept. Geol. Sci., 121 S

BUBNOFF S von (1949) Grundprobleme der Geologie − eine Einführung in geologisches Denken, 2. Aufl., 246 S., Halle/Saale

CHRISTA-BLICK N, MATTHEWS RK, GRADSTEIN FM (1988) Kommentare zu B. U. HAQ et al. 1987, Science **241**, 596−602

Clark JA, Lingle CS (1979) Predicted relative sealevel changes (18000 years B. P. to present) caused by late-glacial retreat of the Antarctic ice sheet, Quaternary Res., 11, 279–298

Claudel P (1954) Vom Wesen der Holländischen Malerei, 58 S., Fischer, Berlin etc.

Cloetingh S (1986) Intraplate stresses. A new tectonic mechanism for fluctuations of relative sea level, Geology 14, 617

Corbin A (1990) Meereslust. Das Abendland und die Entdeckung der Küste 1750–1840, 414 S., Wagenbarth, Berlin

Cordingly D (1974) Marine Painting in England, 1700–1900, London

Crowley TJ, Baum SK (1991) Estimating Carboniferous sea-level fluctuations from Gondwana ice extent, Geology, 19, 975

Denton GH, Hughes TJ (Hrsg) (1981) The last great ice sheets, 263–317, Wiley, New York

Dziewonski AM, Woodhouse JH (1987) Global images of the earth interior, Science, 236, 37–48

Ekman M (1991) A concise history of postglacial land uplift research (from its beginning to 1950), Terra Nova, 3, 358–365

Friedman GM, Sanders JE, Kopaska-Merkel DC (1992) Principles of Sedimentary Deposits, 728 S., MacMillan, New York

Gurnis M (1990) Ridge spreading, subduction and sea level fluctuation, Science, 250, 920–972

Gurnis M (1992) Long-term controls on eustatic and epeirogenetic motions by mantle convection, GSA Today, 2, 7, 141–157

Haq BU, Hardenbol J, Vail PP (1987) Chronology of fluctuating sea levels since the Triassic, Science, 235, 1156

Hoffmann PF (1992) Supercontinents, in: Nierenberg WA (Hrsg), Encyclopedia of Earth System Science, 4, 323–328, Academic Press, San Diego etc.

IPCC (1990) Intergovernmental Panel on Climate Change, 364 S., Cambridge Univ. Press

Kristan-Tollmann E, Tollmann A (1992) Der Sintflut-Impakt, Mitt. österr. geol. Ges., 84, 1991, 1–63

Larson RL (1991) Geological consequences of superplumes, Geology, 19, 963–966

Mörner NA (1987) Pre-quaternary long-term changes in sealevel, in: Devoy RJ (Hrsg) Sea surface studies: A global view. 233–263, Croom Helm

Mörner NA (1992) Eustatic changes in level and topography. Past long- and short-term changes. Present and future trends, Profil 1, Stuttgart (Abstract)

Müller AH (1983) Lehrbuch der Paläozoologie, I, Allgemeine Grundlagen, 4. Aufl. 466 S., Fischer, Jena

Naldrett AJ (1990) International Geological Correlation Programme: An example of collaborative geoscience, Episodes, 3, 22–27

Pirazzoli PA (1985) Sea-level change, Nature and Resources, 21, 4, 2–9

Pitman WC III, Golovchenko X (1983) The effect of sealevel changes on the shelf edges and slope of passive margins, SEPM, Spec. Publ. 33, 41–58

Sahagian DL, Holland SM (1991) Eustatic sealevel curve based on a stable frame of reference: Preliminary results, Geology 19, 1209

Schlanger SO, Jenkyns HC (1976) Cretaceous ocean anoxic events: Causes and consequences, Geol. en Mijnbow, 55, 179–184

SEIBOLD E (1991) Das Gedächtnis des Meeres, 447 S., Piper, München
SEIBOLD E, BERGER WH (1982) The Sea Floor, 288 S., Springer, Berlin etc.
SEIBOLD I (1992) Der Weg zur Biogeologie. Johannes Walther 1860–1937, 204 S., Springer, Berlin etc.
SHACKLETON NJ, OPDYKE N (1973) Oxygen isotope and paleomagnetic stratigraphy of Equatorial Pacific core V 28–238, Quaternary Res. 3, 39–55
STILLE H (1924) Grundlagen der vergleichenden Tektonik, 443 S., Berlin
SUESS E (1906) Das Antlitz der Erde, 2778 S., Prag und Leipzig, (1885–1909)
UNESCO (1990) Reports in Marine Sciences, Relative sea-level change, Paris
VAIL PR (1992) Types and causes of large-scale (more than 10000 years) stratigraphic cycles, Profil **1**, Suttgart (Abstract)
VAIL PR, AUDEMARD IP, BOWMAN SA, EISNER PN, PEREZ-CRUZ C (1991) The stratigraphic signatures of tectonics, eustasy and sedimentology – an overview, in: EINSELE G et al. (Hrsg) Cycles and events in stratigraphy, Springer, Berlin etc.
VAIL PR, MITCHUM RM Jr, THOMPSON S III (1977) Seismic stratigraphy and global changes of sea level. Part IV, Amer. Assoc. Petrol. Geol., Mem. **26**, 516 S
VAREKAMP JC, THOMAS E, van de PLASCHE O (1992) Relative sea-level rise and climate changes over the last 1500 years, Terra nova, **4**, 3, 293–304, Oxford
WEGENER A (1929) Die Entstehung der Kontinente und Ozeane, 4. Aufl., S. 188, Vieweg, Braunschweig
WIEDMANN J (1988) Plate tectonics, sea level changes, climate and the relationship to ammonite evolution, provincialism and mode of life, in: WIEDMANN J et al. (Hrsg), O.H. SCHINDEWOLF-Symposium 1985, 737–765, Tübingen
WILLIAMS GE (1989) Tidal rhythmites: Geochronometers for the ancient earth-moon system., Episodes, **12**, 162–171

Inhalt
Jahrgang 1992

H. Schaefer
Modelle in der Medizin 1

W. Doerr
Komplementarität der Krankheitsforschung bei Mensch und Tier 263

R. Gross
Erfahrung, Intuition, Diskursives Denken und Künstliche Intelligenz
als Grundlage ärztlicher Entscheidungen 287

Ch. Rüchardt
Radikale – Eine chemische Theorie in historischer Sicht 315

E. Seibold
Marine Transgressionen und Regressionen 347

Sitzungsberichte der Heidelberger Akademie der Wissenschaften
Mathematisch-naturwissenschaftliche Klasse

Die Jahrgänge bis 1921 einschließlich erschienen im Verlag von Carl Winter, Universitätsbuchhandlung in Heidelberg, die Jahrgänge 1922–1933 im Verlag Walter de Gruyter & Co. in Berlin, die Jahrgänge 1934–1944 bei der Weißschen Universitätsbuchhandlung in Heidelberg. 1945, 1946 und 1947 sind keine Sitzungsberichte erschienen.

Ab Jahrgang 1948 erscheinen die „Sitzungsberichte" im Springer-Verlag.

Inhalt des Jahrgangs 1989:
1. K. zum Winkel. Zur Problemgeschichte der Klinischen Radiologie. DM 19,–.
2. W. Doerr. Über den Krankheitsbegriff – dargestellt am Beispiel der Arteriosklerose. DM 53,–.
3. E. Mosler, W. Folkhard, W. Geercken, E. Knörzer, H. Nemetschek-Gansler, Th. Nemetschek, M. H. J. Koch, P. P. Fietzek. Strukturdynamik nativer und künstlich vernetzter Sehnenfasern. DM 19,80.
4. E. K. F. Bautz, J. R. Kalden, M. Homma, E. M. Tan (Eds.). Molecular and Cell Biology of Autoantibodies and Autoimmunity – Abstracts, 1st International Workshop, July 27–29, 1989, Heidelberg. DM 56,–.
5. R. Bayer, P. Schlosser, G. Bönisch, H. Rupp, F. Zaucker, G. Zimmek. Performance and Blank Components of a Mass Spectrometric System for Routine Measurement of Helium Isotopes and Tritium by the ^{3}He Ingrowth Method. DM 25,–.

L. Arab-Kohlmeier, W. Sichert-Oevermann, G. Schettler. Eisenzufuhr und Eisenstatus der Bevölkerung in der Bundesrepublik Deutschland. Supplement. DM 80,–.

Inhalt des Jahrgangs 1990:
1. M. Becke-Goehring. Freunde in der Zeit des Aufbruchs der Chemie. Der Briefwechsel zwischen Theodor Curtius und Carl Duisberg. DM 48,–.
2. G. Conte, F. Giannessi, M. Cornali. Hemodynamics and the Development of Certain Malformations of the Great Arteries. – B. Chuaqui. Comments. DM 19,–.
3. F. Linder, J. Steffens, M. Ziegler. Surgical Observations and Their Consequences. DM 15,–.
4. A. Mangini, A. Eisenhauer, P. Walter. The Relevance of Manganese in the Ocean for the Climatic Cycles in the Quaternary. DM 18,–.
5. H. Mohr. Der Stickstoff – ein kritisches Element der Biosphäre. DM 25,–.
6. F. Vogel. Humangenetik und Konzepte der Krankheit. DM 18,–.
7. H. Zehe. „Gott hat die Natur einfältig gemacht, sie aber suchen viel Künste". Goethes Reaktion auf die Fraunhoferschen Entdeckungen. DM 26,50.

R. Bernhardt, Z. Feng, J. Siegrist, P. Cremer, Y. Deng, G. Dai, G. Schettler. Die Wuhan-Studie. Eine prospektive Vergleichsstudie über Risikofaktoren und Häufigkeit der koronaren Herzerkrankung bei 40- bis 60jährigen chinesischen und deutschen Arbeitern. Supplement. DM 42,–.

K. Beyreuther, G. Schettler (Eds.). Molecular Mechanisms of Aging. Supplement. DM 54,–.

J. Harenberg, D. L. Heene, G. Stehle, G. Schettler (Eds.). New Trends in Haemostasis. Coagulation Proteins, Endothelium, and Tissue Factors. Supplement. DM 68,–.

If you have any concerns about our products,
you can contact us on
ProductSafety@springernature.com

In case Publisher is established outside the EU,
the EU authorized representative is:
**Springer Nature Customer Service Center GmbH
Europaplatz 3, 69115 Heidelberg, Germany**

Printed by Libri Plureos GmbH
in Hamburg, Germany